SALVATORE MESSINA

Poesie Tecniche

Raggiunto il valore di soglia
il cuore di un ingegnere batte

Copyright © 2018 Salvatore Messina

Tutti i diritti riservati.

Codice ISBN: 9781718105676
Casa editrice: Independently published

messinasalvatore@email.it

In copertina: *Movimento di orologio a lanterna*.
CC BY-SA 4.0 Moira Ricci 2010 | Museo Nazionale della Scienza e della Tecnologia Leonardo da Vinci, Milano.

In un *dt* accadono molte cose

INDICE

PREFAZIONE 1

NOZIONI GENERALI 3

    TECNOLOGIA 4

    IMMOBILI SUL NASTRO DI MOEBIUS 5

    TRA PARENTESI 6

    OSCILLAZIONI 7

    UNA RISPOSTA DIVINA 8

    ZERO ASSOLUTO 9

    L'HOMO APATICUS 10

    FORZA CENTRIFUGA 13

    IMPULSO 14

    TRA t E $t+dt$ 15

    PROBABILITÀ 17

    PER n CHE VA DA 1 A ∞ 18

    SOMMA VETTORIALE 19

    PUNTO 21

    LAVOISIER 22

    LIMITI 23

    MOTO RETTILINEO UNIFORMEMENTE

- ACCELERATO 24
- BEST SELLER... 25

NOZIONI SPECIALISTICHE 27

- BALUN.. 28
- IL TERZO STATO 29
- RIFLESSIONI DI FRESNEL............................... 30
- MASCHERE DI SODDISFAZIONE 31
- TRA t E t+dt #2... 32
- DIPENDE 33
- 7Kristallofra_gile 34
- CAMPO VICINO.. 35
- PORTANZA 36
- RESET... 37
- L'ORDIGNO NUCLEARE.................................. 38
- TRA t E t+dt #3... 39
- DIAGONALE 40
- RUMORE D'AMBIENTE.................................... 41
- DIESEL 42
- GAUSSIANE.. 43
- TRASFORMATA.. 44
- TRA t E t+dt #4... 45

GALLERIA 46

NUMERO DI REYNOLDS 47

LASER 48

PONTE DI GRAETZ 49

SATELLITE ARTIFICIALE 50

$2^0, 2^1, 2^2, 2^3$ … 52

FRANGIFLUTTI 54

CAROTAGGIO 55

TRA t E t+dt #5 57

ALGORITMO 58

ROBOT 59

FOTOVOLTAICO 60

25,4 mm 61

RONZIO A 50 Hz 62

RELATIVO 63

EPILOGO 65

ODE ALL'INGEGNO 66

PREFAZIONE

Nel periodo in cui ho scritto i versi che troverete in questo libro mi ero posto l'obiettivo di non lasciarmi influenzare da altre opere. Mi ero ritrovato in una sorta di silenzio radio artistico nella speranza di preservare il più possibile quell'originalità che ingenuamente credevo fosse mia.
Solo quando ho deciso di pubblicare questo piccolo volume mi sono reso conto che l'idea di scrivere delle poesie a contenuto tecnico non fosse una novità e ammetto la frustrazione nell'avere scoperto l'acqua calda. La mia ignoranza e la mia buona fede tuttavia mi hanno permesso di conoscere le opere di Leonardo Sinisgalli, il 'poeta ingegnere' che qualche generazione prima della mia ha dato vita a poesie tecniche (e non solo) dalle quali sono stato profondamente colpito.

Credevo di essere stato il primo a fare il taglio sulla tela quando, invece, mi sarebbe bastato aprire un libro di arte per capire che qualcun altro lo aveva fatto meglio e prima di me.

Spero che queste pagine possano collegare idealmente (tenendo conto della legge di Lavoisier) ciò che è stato fatto in passato con ciò che avverrà in futuro. Nella speranza che un giorno le opere di Sinisgalli possano trovare spazio nei programmi scolastici degli istituti tecnici italiani, lascio a voi alcune considerazioni sulla migliore realizzazione tecnica che possa esistere: la vita.

Grazie.

Salvatore Messina

NOZIONI GENERALI

TECNOLOGIA

La penna

di polpastrelli e plastica

scrive facendo rumore

mentre un inchiostro

senza profumo

toglie luce ad un foglio luminoso.

Non più a mano

ma con le macchine

raccogliamo il grano.

Non più da soli

ma con aratri e bestie

prepariamo il terreno.

I tessuti,

la ruota,

il tam tam.

IMMOBILI SUL NASTRO DI MOEBIUS

Sentirsi nudi dentro

quando seccano anche i rami,

come freddo metallo

da carezzare.

Empatia col mondo vuoto.

Guscio d'uovo.

TRA PARENTESI

Io sono un apri parentesi.

Siamo pollini consapevoli

affidati ad un vettore

di n variabili aleatorie.

Ti ho incontrato

in una realizzazione comune.

Tu sei la mia chiudi parentesi.

E viceversa cambiando il segno.

OSCILLAZIONI

Sistema auto-oscillante

ricoperto da un giunco di plastica

dondolo per consolare

pensieri stanchi

dal facile innesco.

Nella testa

un liquido stabilizzatore

controbilancia ogni movimento.

E se fossi senza liquido?

E se fossi senza testa?

Metronomo

tengo il tempo a me stesso

consapevole che il ticchettio finirà.

Ci penso (e se fossi senza pensieri?).

Dondola giunco,

dondola.

UNA RISPOSTA DIVINA

Dici che mi rinfresco col fuoco

e mi disseto col mercurio,

che sono presente lungo ogni dimensione,

che posso dividere per zero

e che contengo l'infinito.

Ma io

non ho

una risposta

alla tua domanda,

però

dovrò rispondere.

ZERO ASSOLUTO

Non avrò nostalgia del fresco,

non mi importerà del freddo avvertito,

avrò brividi,

tremerò

e respirerò a fatica.

Quando il gelo

si poggerà sulla pelle

penetrando fino alle ossa

vedrò morire

il mio corpo.

Tutto diverrà piccolo

e arriverà lo zero assoluto.

Ma avevo nascosto un +1 nella formula

e rimarrò in qualche modo vivo.

L'HOMO APATICUS

Scappare.

Che gusto c'è

se la porta è aperta?

Excel.

Lo schermo

assume la mia forma,

i tasti molli,

un'irrefrenabile voglia

di spremere il mouse.

Ctrl-C

Ctrl-V

I nuovi alleli dominanti

includono il copia e incolla.

Vedo persone

con la bocca al posto delle orecchie

e vedo orecchie

che si ascoltano da sole

mentre bruciano nel sole

illuminando fogli Excel.

Luce nera

sorgente buia

ombre chiare.

Convulsioni,

per un'accettazione serena

del gran trapasso.

Amore per se stessi

limitato alla sola intimità.

Mosca bianca

tra le blatte,

tetta senza latte,

Sancho Panza

e Don Chisciotte.

È già giorno?

Buonanotte.

Lo schiavismo esiste ancora,

la pirateria

il linciaggio

la prostituzione

la Coca-Cola,

datemi una Coca-Cola,

la religione,

datemi una papa suora.

Oblio di me

nel giorno della marmotta

e dei soliti gesti.

Manuale per una felicità di cartapesta:

è l'Homo Apaticus.

FORZA CENTRIFUGA

Mi afferri le mani

e mi fai ruotare

sollevandomi

come si fa con i bambini.

E mentre giro

vorticosamente

sorridi.

Sto bene.

Sorrido anch'io.

Acceleri e mi lasci andare.

Inizio a volare.

In una dolce rototraslazione

incontro la ionosfera,

supero Radio Maria,

e oramai lontano dal pianeta

vago.

IMPULSO

Uno sguardo fugace

tra due sconosciuti,

giusto un attimo.

Eppure il fuoco dentro:

i viaggi di notte

il concepimento dei figli

i passaggi segreti in un labirinto

i calici nuovi

il formaggio col miele

il pollice schiacciato

l'allergia

il bacio della buonanotte

i lacci delle scarpe…

TRA t E t+dt

Mi portano dell'acqua

e la buttano per terra,

io mi chino a bere

come fossi un maiale.

Meno male che nessuno mi vede,

pensa a quante critiche

soltanto perché ho sete.

L'acqua diventa rete

e mi ritrovo in mare,

il castello adesso è una balena

che scompare all'orizzonte.

Mi tocco la fronte,

una medusa mi dice:

"Buongiorno!

Se ha ancora sete

provi a spremere il mio corpo."

Cristo!

Ma è mai possibile

che solo in mare aperto

siano tutti così disponibili?

Chiedo informazioni su un braccialetto,

non ricordo il colore

solo il suo profumo dentro al letto.

PROBABILITÀ

Ho scommesso

per cento volte

sull'uscita

di 99 numeri su 100.

In queste cento estrazioni

non ho mai vinto.

Non credo nella sorte:

statisticamente sfortunato.

PER n CHE VA DA 1 A ∞

2n passi avanti,

n passi indietro,

rotazione oraria di $\pi/2$

salto sul posto

n passi a sinistra

n salti avanti

rotazione oraria di $\pi/2$.

Mi infastidiscono

i balli di gruppo.

Danzate voi.

SOMMA VETTORIALE

Creo una meta.

È nuova,

come falena

risento della sua forza di attrazione.

Decido di seguirne il calore.

Qualcuno mi prende le mani

dolcemente

e le porta dietro la mia schiena,

mi bacia la testa,

mi ammanetta

legandomi alle sue convenzioni.

Il mio sguardo incredulo

cerca di lasciar cadere il mio corpo

su un lato,

come tronco di legno

il cui momento

è agito sul suo lato più corto

e meno vincolato:

medicine, amici

voci e molecole

raddrizzano il tronco

dolcemente,

lasciandolo verticale.

Immobile.

Con gli occhi aperti

bruciati da una

luce di dolore.

Cieco,

non sono più un tronco,

non ho più manette.

Non sento più dolcezza.

Finalmente libero

di creare una nuova meta.

PUNTO

All'interno di un punto

privo di ogni dimensione

voglio vivere.

LAVOISIER

Asserito

originale creatore,

in realtà trasformo

pensieri esistenti

in nuove formulazioni.

Complico.

Semplifico.

Gioco.

Accusato

eccellente distruttore,

faccio brillare

gli stessi pensieri

in un'esplosione

di colori

e sospiri.

Spettacolare meraviglia.

LIMITI

Un giorno arriverò,

aspettami.

Non potremo sfiorarci

ma ci guarderemo.

Ci parleremo.

Annuseremo.

MOTO RETTILINEO UNIFORMEMENTE ACCELERATO

Non m'importa

delle tue collane di perle,

dell'assicurazione scaduta,

della casa in montagna

o della tua povertà.

Se ci lasciamo andare

cadremo insieme.

Alla stessa velocità.

BEST SELLER

Scrisse più o meno

un migliaio di libri:

sui principi,

sui teoremi

e sulle osservazioni.

Scrisse di ponti,

fluidi e meccaniche,

di antenne,

cinetica e diagrammi.

Scrisse tutto,

anche il sistema di equazioni

che descriveva la sua vita.

Non disse mai una parola.

Il più venduto

era un audiolibro

che conteneva il suo silenzio.

NOZIONI SPECIALISTICHE

BALUN

Disadattato,

attendo un balun

che colleghi me col mondo

in una sfumatura di significati,

in un continuum di parole

verso una sociale accettazione.

Aperto di mente

(almeno è ciò che credo)

sono consapevole che terminerò,

in un modo o nell'altro,

su un commerciale carico

da cinquanta Ohm.

IL TERZO STATO

Decidi, non c'è più tempo,

l'ultimo fronte è arrivato!

L'alto stato ha già deciso,

il segnale è pervenuto

alternato da silenzi

ancor più carichi di senso.

Quanta fretta

in questo mondo

di alti e bassi,

disconnesso

io vivo nel peccato

dell'accidia: il terzo stato.

RIFLESSIONI DI FRESNEL

Disse

soltanto

poche parole.

MASCHERE DI SODDISFAZIONE

A colpi di 3 dB

il mio umore sale e scende,

cercando un livello di soddisfazione

suggerito da una maschera.

L'algoritmo non prevede

un numero massimo

di step di ricerca.

Entrato nel loop.

Minima tolleranza.

Fluttuo

e non riesco ad andare avanti.

TRA t E t+dt #2

È andato via il pensiero.

Come un sogno

era geniale e vero.

Grazie per avermi interrotto,

in quel momento ero fin troppo io.

DIPENDE

Prove tecniche di congelamento

di onde elettromagnetiche

con il fine di poterle osservare

ad occhio nudo,

carezzarle,

leccarle,

come il palo in quel freddo inverno.

Ti chiesi: hai il coraggio di farlo?

Mi rispondesti

con l'unica risposta possibile:

dipende.

7Kristallofra_gile

Connesso ad una rete

acca ventiquattro,

esposto senza firewall attivo,

è stato facile per voi ladri

rubare ogni mia identità.

"Bravo,

complimenti,

ottimo lavoro".

Riavvia.

Crea nuovo profilo:

Mucca003254.

Inserire una password.

Password non sicura.

CAMPO VICINO

Fin troppo ingombranti,

scoordinati e maldestri.

Eppur presenti,

con modestia necessari.

PORTANZA

Non una cicogna,

non un'aquila

o una fenice rinata.

Nel pollaio,

libera

all'interno del recinto,

scorrazza la gallina

beccando il terreno.

In cima al pollaio

un'altra gallina

si sporge

mentre un vento leggero

le attraversa la cresta.

Si lancia e muore.

Questione di portanza?

RESET

Nulla di cui lamentarmi.

Mangio, bevo,

espleto i bisogni,

la temperatura è giusta,

non ho sonno.

Lavoro,

condivido,

sono amato

ed amo.

Sono felice.

Ma non sarò mai

una macchina completa

finché non avrò

il pulsante di reset.

L'ORDIGNO NUCLEARE

Non ha ucciso

chi mi ha sganciato,

non ha ucciso

chi mi ha progettato.

Non ha ucciso

chi ha dato il comando,

chi ha ritenuto fossi utile,

chi mi ha trasportato,

chi mi ha verniciato,

chi mi ha dato questa forma.

Ho ucciso io.

TRA t E t+dt #3

La mia fortuna

è che tra pochi minuti

avrò dimenticato tutto.

E sarò salvo.

DIAGONALE

Grattacieli storti

e senso di precarietà.

Lontani dai banali Dolmen,

vogliamo creare

artificiali

torri di Pisa.

Non ci basta la nostra vita,

vogliamo adesso

vedere in bilico

la terraferma.

Un giorno inclineremo anche il mare.

E vivremo in diagonale,

per arrivare prima,

per paura di solcare i bordi.

RUMORE D'AMBIENTE

La ragazza parla al telefono

con l'assicuratore

che farfuglia qualcosa

all'orecchio di un collega.

Qualcun altro fischia

in auto, fermo al semaforo.

Un gatto miagola,

un attore schiarisce la voce.

Frena il treno al binario 4,

la ventola del condizionatore,

lo scricchiolio della sedia.

L'ambulanza che viene in mio soccorso

ulula intorno ai miei orecchi.

Vorrei,

tanto,

sentire la tua voce.

DIESEL

Schiacciato

dalle tue voglie

riconosco

e accolgo

il tuo amore.

Pronto,

mi lascio andare.

Stanco,

dono affetto.

Ma a quale prezzo?

Amore tossico.

GAUSSIANE

In uno spazio tridimensionale

di gaussiane capovolte,

come bianche lenzuola

pronte ad inghiottire

per sempre,

il funambolo

corre,

si ferma,

si gira,

barcolla

e inciampa.

Sorride mentre cade e attende

di essere accolto da morbida ovatta.

TRASFORMATA

La scorciatoia in un mondo

è un groviglio nel suo duale.

Possa Laplace un giorno

suggerirci una via nuova

in cui le difficoltà

possano essere risolte

con svelta agevolezza.

E da quel giorno

sfiderò a duello

nel dominio della vita,

combattendo

nel suo duale.

Una volta vincitore

tornerò indietro,

sperando che il trofeo guadagnato

non sia il mio stesso scalpo.

TRA t E t+dt #4

Come i corazzieri

si sta fermi alle porte.

Cigolio dei cardini,

pochi istanti

e il corazziere scompare.

GALLERIA

Perdonami monte

se violo la tua possanza

ma il tuo corpo

stanco e affaticato

affatica e stanca.

E se svuotandoti

arrecherò ferite

non agitare il tuo umore,

non usar difese.

Se un giorno vedrò luce

sarà perché mi hai saputo guidare.

NUMERO DI REYNOLDS

Non riuscendo a stare immobile

ho imparato a lasciarmi trascinare.

Bravo io,

come sottobicchiere di cartone

a viaggiare in rispettabili condotti.

Sempre più veloce

e in spazi ancor più larghi

deraglio.

E non riuscendo a farmi meno denso

e non riuscendo a scorrer meglio,

unico

mi sfaldo in imprecisate direzioni

sciogliendomi nel moto

turbolento.

Addio me stesso,

eravamo una temporanea illusione.

LASER

Intrappolato

in un gioco di specchi

rimango tuttavia coerente

e non provo panico.

E quel poco

che di me

attraversa lo specchio

si perde nella sua utilità.

Ma io

per sentirmi protetto

rimbalzo

tra le mille immagini

che ho di me stesso.

PONTE DI GRAETZ

Ottimismo.

Diodi fracassati

a colpi di martello.

Risultato?

Non pessimismo

ma assenza di segnale in uscita.

SATELLITE ARTIFICIALE

Lanciato nello spazio,

satellite di ultima generazione,

mi diverto a guardare la Terra.

La parte di mondo che vedo,

illuminata per tre quarti,

è silente da lontano.

Conchiglia di nuvole,

pioggia battente,

non vedo bene.

Allora cerco campi battuti dal sole:

ecco una distesa di grano

che accarezza una piccola città

disordinata nelle vie

e con i tetti delle case roventi.

In cima ad un pollaio una gallina

si lancia e muore.

5 km a nord un fiume in secca

guida il mio sguardo

verso un vecchio mulino abbandonato.

Consumati dall'amore

collassano due amanti

con le dita sudate

ancora intrecciate tra loro.

A pochi passi dal centro,

un bimbo mangia un gelato

con le gambe penzolanti

da una panchina verde,

alza gli occhi in cielo

e mi regala una linguaccia.

Lanciato nello spazio,

satellite di ultima generazione,

vorrei mettermi le dita nel naso.

2^0, 2^1, 2^2, 2^3...

Attende a 4π

il suo complemento a 1

spinto da primordiali gradienti.

Lo riceve.

Comincia una danza

di protocolli,

allineamenti,

appaiamenti,

duplicazioni.

Macchinari impercettibili

costruiscono nuove catene.

Messaggi di ON e OFF.

Canali di comunicazione dedicati

e altri gradienti ancora.

Istruzioni scrupolose.

2,3E+07 s circa.

Bellezza che ti nascondi

dalla consapevolezza,

mi stupisci ancora

rivelandoti

nello stanco viso di una madre

nella ruvida mano di un padre.

FRANGIFLUTTI

Protetta da una barriera

di ormai verdi frangiflutti

arranca una vecchia

spiaggia di ruvida sabbia ed alghe.

Le onde

schiaffeggiano il cemento

mentre lei attende

in una lenta agonia

che Natura la riporti

in mare.

Togliete i frangiflutti.

Eutanasia.

CAROTAGGIO

Unghie di diamante

raschiano vorticosamente

il terreno.

È stridulo il canto

ad ogni pietra,

ad ogni salto.

Ma quali poche informazioni

in pochi metri?

Io devo scavare

e toccare il fondo

diventando nuovo oggetto di ricerca.

Quindi

un altro carotaggio,

un'altra spedizione

intorno al primo lungo foro.

Non pago, raschierò ancora

allargando

quanto di più profondo

è stato finora creato.

Allargherò il pozzo

e sarà voragine,

simulando un inquietante sinkhole

creerò uno spaventoso abisso.

E ancora

sbucherò dall'altra parte del globo,

svuotando le pareti dalle rocce rimaste

finché il mondo non sarà

che un anello

per un dito gigante.

Tutto questo

con piena pace interiore

e gioviale ottimismo.

TRA t E t+dt #5

Piovono cervelli pensanti,

si spappolano sul terreno

con un suono divertente.

Passeggiando in una piazza quadrata,

vorrei essere da solo

essendo io nudo

una tonda pietra smussata.

La mia faccia scivola via

e giorno dopo giorno

devo chiedere chi sono

con l'ausilio delle mani.

Shhh, il bimbo dorme,

lasciatelo sognare,

guardate la sua pelle così rosa.

Cosa significa questo silenzio?

Shhh, il mio corpo si sta crepando.

ALGORITMO

Potevi almeno darmi

un valore iniziale,

ho dovuto

assegnartene uno.

If… than

se mi ami allora baciami

else…

perché hai ruotato il viso altrove?

Ho sbagliato inizializzazione.

Triviale algoritmo.

End.

ROBOT

A distanza

di 5 trilioni

di cicli di clock,

ti riposi per un secondo.

Poi ritorni

a sopravvivere.

FOTOVOLTAICO

È lucertola esposta ai raggi

prima lievi e freschi

poi diretti e ardenti.

Squame pari,

è bacio di fotone

è labbra di elettrone.

Differenze di potenziale.

Sgorgano piccoli rigagnoli

poi ruscelli

e affluenti

tra cascate e paralleli.

Foglia d'uomo

clorofilla silicea

Eva senza Adamo

nuda

s'offre al sole.

25,4 mm

Come vite

cerco di penetrare

sezioni filettate

con passo

leggermente diverso dal mio.

Profilo cocciuto.

RONZIO A 50 Hz

Sento l'odore della stalla,

sera d'estate,

zanzare schiacciate

sui mobili in teak.

Si dorme

con un ronzio

a 50 Hz.

Trasformatore,

culli ancora

i parenti

in casa dei miei nonni?

RELATIVO

Ieri mattina

decisi di correre

più velocemente del solito:

5×10^8 m/s

Non capisco,

solitamente

non corro al mattino.

EPILOGO

ODE ALL'INGEGNO

L'ingegno

è nobile arte,

moltiplica e divide

per stesse quantità,

scompone e ricompone,

sfrutta prodotti notevoli

di intuizioni ed esperienze.

È mutevole l'ingegno,

in continua evoluzione

depone uova e cova,

si adatta e riceve selezione

come Natura esige

da ciò che in essa esiste.

L'ingegno massimizza

efficienze e rendimenti,

imita,

riutilizza,

si confronta

e non demorde.

Spremuta ogni meninge

l'Essere ingegnoso

sospende il suo lavoro,

torna a casa

e si nutre d'amore.

Alimento esistenziale

che ti accumuli con dolcezza,

raggiungi il valore di soglia

e inizia a far battere il cuore.

www.ingramcontent.com/pod-product-compliance
Lightning Source LLC
Chambersburg PA
CBHW031540210526
45464CB00003B/1087